COOK50010

好做又好吃的

手工

麵包

～最受歡迎麵包輕鬆做～

陳智達 著

朱雀文化事業有限公司 出版

製作出香濃麵包的遊戲法則

　　你是否有佇足在麵包店櫥窗前，看著各式各樣、金黃色朝陽般的色彩，並夾雜著濃濃麥香剛出爐的麵包呢？也許有一點心動！不用懷疑、不用佇足，馬上驅步向前，掏出money買好麵包，咬上幾口細細品味，享受口欲與視覺上的滿足，花點小錢而已，似乎非常輕而易舉。

　　但你也許不知道，所吃的麵包都是師傅們經過長時間精心「攪拌、發酵、製作、烤焙」，用心呵護做成的。或許也想嘗試自己動手做，看著從自己的手中蘊育出來的精心之作，充滿著「愛心、細心、溫馨」，讓家人與你一起分享它吧！

　　在本食譜中網羅世界各地有名的麵包，如：墨西哥麵包、義大利肉醬派、丹麥吐司、北歐葵花麵包、法國魔杖、義大利起司棒、德國奶露麵包、荷蘭雜糧……等等許多不同風味的麵包，讓你可以一飽口福。

　　很多人問我：要如何做出好吃的手工麵包呢？

一、　準確的計量：按照書上配方比例準備材料，依詳細的步驟圖進行攪拌、分割、成型，最後發酵、烤焙完成。

二、　溫度的控制：攪拌的水溫、麵糰攪拌完成的溫度、發酵的溫度，以及最後烤爐的溫度，都要控制適宜。

三、　時間的應用：基本發酵時間要充足，分割滾圓、鬆弛時間要足夠，進烤爐前的發酵要剛好，最後烤箱的烤焙溫度要適宜。

　　若注意以上幾個重點，對配方多一點了解、對過程多一份用心，就可感受到「它」充滿著生命力，成為心中想塑造的模樣了！

　　　　　　　　　　　　　　　　　　　　　　　陳智達

目 錄 Contents

甜麵包篇

做出漂亮的麵包一點也不難！

可鬆類麵包篇

為何做不出可口的麵包？

白燒麵包篇

吃不完的麵包怎麼辦？

多拿滋麵包篇

如何炸出好吃的多拿滋？

索引

特別將本書中在製作上
會用到的餡料及麵糰添
加料一一列出，讓你更
方便找尋。

基本麵糰製作

基本麵糰手製過程

■材料

高筋麵粉500g	細砂糖75g	鹽7.5g	奶粉15g
乾酵母5g	全蛋60g	奶油40g	改良劑2.5g
水260g	Total：965g		

■工具

攪拌盆、橡皮刮刀、刮板

■注意

通常麵糰可一次多做些，用保鮮膜或塑膠袋包好，放於冷凍庫中冷凍，約可放一個星期；等下次要再做麵包時，可直接拿出來解凍使用。

配方材料。

1

將麵粉、細砂糖、鹽、奶粉、乾酵母、全蛋和改良劑全部倒入攪拌盆內攪拌均勻。

2

加入水（夏天用冰水，冬天要加點溫水，可以控制發酵時間），全部拌勻。

3

用橡皮刮刀或手將所有材料攪拌均勻。

4

將麵糰倒出放在桌面上,並在工作檯與麵糰上撒少許麵粉,可防止黏手。

5

揉麵糰時記得要由內(身體內側)往外反覆搓揉。

6

接著加入奶油。

7

依由內往外的方法再次搓揉,直到感覺麵糰有些彈性為止。

8

反覆幾次後試試它的彈性,若覺彈性不夠就再反覆揉麵糰。

9

試麵糰:若表面光滑,用手可以把麵糰撐開成薄膜狀即大功告成。

10

將麵糰滾圓。

11

發酵

放入盆中蓋上濕毛巾做基本發酵，時間大約60分鐘。

12

發酵後的麵糰，約為原來的2.5～3倍大。

13

手指測試：把手指插入麵糰。

14

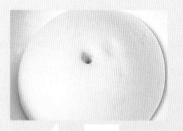

若手指離開，麵糰仍留有空隙則表示發酵完成。

15

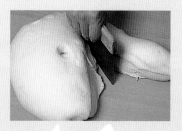

分割、整型

將麵糰移至工作桌上，準備分割麵糰。

16

依所需份量將麵糰分割成一個個的小麵糰。

17

把多餘空氣擠掉後再次滾圓小麵糰。

18

滾圓時記得將周邊組織整合。

19

滾圓後務必蓋上濕毛巾，以防止鬆弛時麵糰表面乾化，約15～20分鐘後即可成型。

20

【甜麵包篇】

做出漂亮的麵包一點也不難！

麵糰整製成型很重要：

發酵麵糰整製成型的目的，不但使烘焙產品外型烤製均勻外，並具有美化外表之功能。整型應使麵糰表層呈現光滑的外皮，否則烘焙完成後，你會發現麵包變形、繃裂、塌陷了。

輕撒手粉：

整製麵糰時，工作檯與麵糰必須輕撒麵粉，以防止麵糰黏在工作檯與手上；一般稱之為手粉，且以高筋麵粉為佳。但撒粉量越少越好，因為過多的麵粉會使麵糰接縫較難密合，而導致烘焙成品上形成一道裂痕。

BREAD

菠蘿皮、沙菠蘿、奶酥餡、

BREAD BREAD BREAD BREAD BREAD BREAD BREAD BREAD BREAD BREAD BREAD BREAD BREAD BREAD

菠蘿皮配方及做法

（每個30g，約可做27個）

■材料

高筋麵粉300g　細砂糖160g　奶油100g　白油100g
全蛋100g　葡萄乾50g　Total：810g

1　將細砂糖、奶油、白油、全蛋一起倒入攪拌盆中打發。

2　桌面先撒上高筋麵粉，再將打發的材料倒入。用手開始將麵糰揉勻，也可以用刮板幫助揉勻的動作。

3　麵糰壓平，倒上葡萄乾，均勻揉合。

4　將麵糰搓揉成條狀，再依比例（每個約25g～30g）切割小塊。

沙菠蘿配方及做法

（每個30g，約可做20個）

■材料

低筋麵粉320g　高筋麵粉10g　糖粉100g
奶油60g　全蛋60g　Total：G550g

1　將糖粉、奶油倒入攪拌盆內攪拌均勻，全蛋倒入拌勻，低筋麵粉過篩放入，攪拌均勻。

2　放入高筋麵粉後再全部拌勻。

3　雙手輕輕細搓麵糰直到成為細粉狀。

4　反覆幾次直到沒有明顯顆粒為止。

克林姆製作

READ BREAD BREAD BREAD BREAD BREAD BREAD BREAD BREAD BREAD BREAD BREAD BREAD BREAD

奶酥餡配方及做法

（每個25g，約可做23個）

■材料

奶油180g　糖粉100g　全蛋60g　奶粉200g
玉米粉12g　鮮奶20g　**Total：572g**

將奶油、糖粉倒入攪拌盆內打發。

加入全蛋繼續打發，再將奶粉、玉米粉倒入盆中一起攪拌均勻。

最後加入鮮奶攪拌均勻。

克林姆配方及做法

■材料

蛋黃3個　細砂糖60g　玉米粉10g　低筋麵粉15g
牛奶300g　奶油10g　香草精少許　**Total：572g**

蛋黃加入細砂糖攪拌至糖完全融化為止，玉米粉及低筋麵粉過篩後加入拌勻。

牛奶加熱至80℃左右後，倒入攪拌均勻。

全部過篩後，倒回鍋內煮到成稠狀，至完全沸騰時就可熄火，否則吃起來會有粉味。

加入奶油、香草精，使其融化後拌均勻即可；蓋上保鮮膜，待冷卻後備用。

Streussel Bun with Milky Filling

奶酥沙菠蘿 （19個）

■材料

●甜麵糰965g：

高筋麵粉500g 細砂糖75g 鹽7.5g 奶粉15g 乾酵母5g 全蛋60g 奶油40g 改良劑2.5g 水260g
奶酥餡500g（配方、做法見P11） 沙菠蘿適量（配方、做法見P10）

甜麵糰請參照基本麵糰製作
1～16（p8），將麵糰分割成
每個約50g大小，滾圓後蓋
上濕毛巾，鬆弛約10分鐘。

將鬆弛好的麵糰壓平以便擠
出氣體。

把壓平的麵糰放在左手上，
右手則將奶酥餡舀進麵糰。

以雙手的食指及拇指將包餡
的麵糰封好，要緊密接合。

麵糰接合處稍微在桌面上左
右摩擦以使接口平順。

麵糰沾點水，接著沾點備用
的沙波蘿。

把沙菠蘿屑平鋪在麵糰表面
後，進行最後發酵，約60分
鐘。

發酵完成後約為原來的2倍，
此時就可以入烤箱了。

■烤箱溫度：上火180℃、
　　　　　　下火200℃。
■烤焙時間：15分鐘。

Sable Bun with Milky Filling

菠蘿奶酥麵包 （19個）

■材料

甜麵糰965g（配方見P13）　菠蘿皮麵糰600g（配方、做法見P10）　奶酥餡500g（配方、做法見P11）
蛋黃液適量

甜麵糰請參照基本麵糰製作1～16（p6），將麵糰分割成每個約50g大小，滾圓後蓋上濕毛巾，鬆弛約10分鐘。

桌面先撒上麵粉以防沾黏，放上菠蘿皮麵糰（每個約30g）。

將甜麵糰壓平以便擠出氣體，然後再壓在菠蘿皮麵糰上。

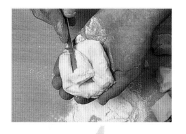

將麵糰放在手上，輕輕包入奶酥餡（每個約25g）。

將麵糰包緊，整理成圓球狀。

置入烤盤中，在表面刷上蛋黃液，靜待發酵，約60分鐘。

發酵完成後約為原來的2倍大，即進入烤箱烘焙。

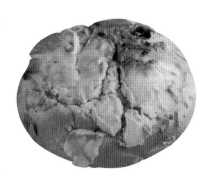

■烤箱溫度：上火180℃、下火200℃。　■烤焙時間：18分鐘。

Braided Loaves

辮子麵包（6個）

■材料

甜麵糰900g（配方見P13）　　克林姆572g（配方、做法見P11）　　沙菠蘿適量（配方、做法見P10）
蛋液少許　　　　　　　　　　細砂糖少許　　　　　　　　　　　杏仁片適量

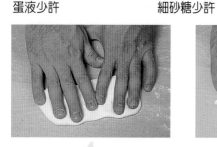  

1 甜麵糰請參照基本麵糰製作1～16（p6），將麵糰分割成每個約50g大小，滾圓後蓋上濕毛巾，鬆弛約10分鐘後，將麵糰壓平以便擠出氣體。

2 以邊對摺邊揉壓的方式慢慢將麵糰定型。

3 慢慢形成成圓柱長條狀，每個麵包需由3個長條麵糰組成。

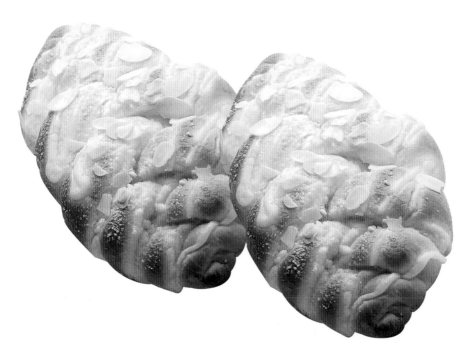

每個麵糰兩端搓成尖長形。

將三個搓好的麵糰連接在一起。

三個一組開始由左右向中央交叉重疊。

慢慢地就形成辮子的型狀了。

放在烤盤上做最後發酵,約60分鐘。

發酵完成後約為原來的2倍大。

在表面上刷上蛋液、撒上細砂糖及沙菠蘿。

再把克林姆擠在表面上。

最後撒上杏仁片,修飾完成就可送入烤箱。

■烤箱溫度:上火180℃、下火200℃。　　■烤焙時間:20分鐘。

Vegetable Bun
蔬菜小餐包 （16個）

■材料

甜麵糰483g（配方見P13）　奶油200g　墨西哥修飾液430g
紅蘿蔔、乾蔥末適量

甜麵糰請參照基本麵糰製作
1～16（p6），將麵糰分割成
每個約30g大小，滾圓後蓋
上濕毛巾，鬆弛約10分鐘，
先將麵糰壓平以便擠出氣體。

壓平的麵糰包入少許奶油，
開口捏緊包好。

成型後做最後發酵，約50分
鐘。

墨西哥修飾液中加入紅蘿蔔
及乾蔥末仔細拌勻。

發酵完成後擠上蔬菜墨西哥
修飾液即可入烤箱烘焙。

■烤箱溫度：上火170℃、
　　　　　　下火180℃。
■烤焙時間：15分鐘。

墨西哥修飾液
配方及做法

■材料

低筋麵粉50g　奶油45g
糖粉50g　　　全蛋70g
Total：215g

1 將糖粉、奶油倒入攪拌盆
內，以打蛋器拌勻並稍微打
發。

2 分次加入全蛋並依次打發，
再加入過篩的低筋麵粉。

3 仔細檢查看有沒有凝結的
麵粉塊，完成後以刮刀整理
後備用。

Mexican Bread
墨西哥麵包 （19個）

■材料

甜麵糰965g（配方見P13）　葡萄乾適量　墨西哥修飾液430g（配方、做法見P19）

甜麵糰請參照基本麵糰製作1～16（p6），將麵糰分割成每個約50g大小，滾圓後蓋上濕毛巾，鬆弛約10分鐘，將麵糰壓平以便擠出氣體。

將葡萄乾放入麵糰，麵糰由周圍往中間擠。

收緊麵糰缺口成漂亮的圓球狀。

放入烤盤做最後發酵，約60分鐘。

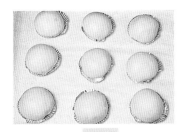

發酵完成約為原來的2倍大。

擠上墨西哥修飾液後，即可進烤箱。

■烤箱溫度：上火180℃、下火200℃。　■烤焙時間：18分鐘。

Taro Cream Bun
芋頭雪泥麵包 （19個）

■材料

甜麵糰965g（配方見P13）
糖粉適量

●芋頭雪泥600g：
芋泥500g、打發的鮮奶油100g
混合攪拌均勻即可
＊芋泥：配方、做法見P53

●裝飾水果：
水蜜桃、奇異果等適量

墨西哥修飾液430g
（配方、做法見P19）

甜麵糰請參照基本麵糰製作
1～16（p6），將麵糰分割成
每個約50g大小，滾圓後蓋
上濕毛巾，鬆弛約10分鐘，
將麵糰壓往兩端使其成長方
形，並擠出多餘氣體。

將麵糰前端往內壓。

接著將麵糰往身體的方向捲，直到麵糰變成圓柱狀。

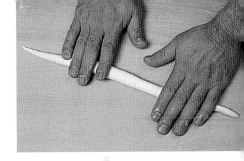

兩手壓住麵糰將其搓成細長條形，記得兩端要搓成尖長形。

手指勾住麵條中央對摺。

另一隻手用手掌壓住麵條朝身體方向進行搓麵條的動作。

繼續這個動作即可將麵條捲在一起，收尾的部份記得要用手掌稍加搓緊麵條。

成型後做最後發酵，約60分鐘。

發酵完成後約為原來的兩倍大，擠上墨西哥修飾液即可入烤箱烤焙。

用鋸刀將烤好的麵包由中央鋸開約2/3的深度，擠上芋頭雪泥；撒上糖粉，最後裝飾水果即可。

■烤箱溫度：上火180°C、下火200°C。
■烤焙時間：18分鐘。

Melon Bun

美濃麵包 （18個）

■材料

甜麵糰900g（配方見P13）　美濃皮麵糰645g　細砂糖1盤

●美濃皮配方645g（每個35g，約可做18個）：
低筋麵粉300g、細砂糖195g、奶油45g、全蛋60g、水45g

美濃皮：將細砂糖、奶油倒入攪拌盆中拌勻不要打發，接著加入全蛋稍做打發，再加入過篩的低筋麵粉拌勻，最後加入水攪拌均勻。

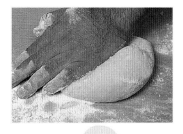

將美濃麵糰取出放在桌上用手將麵糰揉勻，揉的時候可以在桌面撒些麵粉較不易沾黏。

將美濃麵糰搓揉成條狀，切割成每個約35g的小塊。

甜麵糰請參照基本麵糰製作1～16（p6），將麵糰分割成每個約50g大小，滾圓後蓋上濕毛巾，鬆弛約10分鐘，將麵糰壓平以便擠出氣體，再壓在美濃麵糰上。

將接合的兩種麵糰放在一隻手上，另一隻手再將麵包麵糰往中間收。

慢慢重覆這個動作，直到美濃麵糰均勻包住麵包麵糰上約4/5左右的範圍。

將細砂糖平鋪在盤子上，美濃皮的表面再輕輕沾上細砂糖。

在盤緣輕敲去多餘的細砂糖，置入烤盤中靜待最後發酵，約60分鐘。

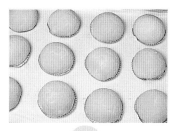

發酵完成後約原來的2兩倍大，此時就可以進入烤箱烤焙了。

■烤箱溫度：上火180℃、下火200℃。　■烤焙時間：16分鐘。　**美濃麵包類25**

Bun with Butter Crispy

奶油千層麵包（19個）

READ BREAD BREAD BREAD BREAD BREAD BREAD BREAD BREAD BREAD BREAD BREAD BREAD BREAD BREAD B

■材料

甜麵糰965g（配方見P13）

丹麥裹奶油麵糰300g（做法見P52）

糖粉適量
蛋液少許

●霜飾奶油410g：
奶油200g、白油10g、糖漿160g、
蜂蜜40g

甜麵糰請參照基本麵糰製作
1～16（p6），將麵糰分割成
每個約50g大小，滾圓後蓋
上濕毛巾，鬆弛約10分鐘。

麵糰壓往兩端使其成長方形，並擠出多餘氣體後，將麵糰由前端往內壓。

接著將麵糰往身體的方向捲，直到麵糰變成圓柱狀，再壓住麵糰稍加搓揉，使形狀更均勻，成型完成後置入烤盤。

將事先準備好的丹麥麵糰取出。

用麵包刀切成薄片，每片10～15g。

將丹麥薄片覆蓋在麵糰上，靜待發酵，約60分鐘。

發酵完成後約原來的2.5倍，此時在表面刷上蛋液即可入烤箱。

■烤箱溫度：上火180℃、下火200℃。
■烤焙時間：18分鐘。

霜飾奶油 (500g)

1 將奶油及白油放入攪拌盆中，用打蛋器打發。

2 加入蜂蜜拌勻，再加入糖漿，以打蛋器使勁打發即成霜飾奶油。

3 用鋸刀將烤好的麵包由中央鋸開約2/3的深度，擠上霜飾奶油，最後再撒上糖粉即成。

Coconut Raisin Bread

椰子葡萄麵包 （6個）

■材料

甜麵包麵糰483g（配方見P13）

丹麥裹奶油麵糰一塊200g（擀成寬11cm×長38cm×厚度4mm，配方、做法見P52）　蛋液少許

●椰子葡萄餡370g：

細砂糖100g、全蛋60g、奶油70g、葡萄乾40g、椰子粉100g

椰子葡萄餡：將細砂糖、全蛋與奶油一起放入攪拌盆內，用打蛋器將材料攪拌均勻，再加入葡萄乾與椰子粉繼續攪拌均勻即成。

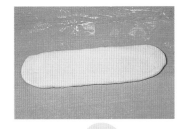

甜麵糰請參照基本麵糰製作1～11（p6），取483g基本發酵30分鐘後的甜麵糰一塊，壓平置入冷凍庫30分鐘後，取出擀開成長方形，長約40cm，寬約8～9cm。

將椰子葡萄餡平鋪在麵糰上。

用切網器，將丹麥裹奶油麵糰切成網狀。

將切割完成的網狀丹麥麵糰，放在鋪好椰子餡的麵糰上，並稍微拉住邊緣的丹麥網狀麵糰，收邊收好，末端以主麵糰壓住。

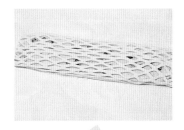

成型完成後再做最後發酵，約60分鐘。

發酵完成後，約為原來的2倍大。刷上蛋液，即可放入烤箱烤焙。

■烤箱溫度：上火180℃、下火200℃。
■烤焙時間：18～20分鐘。

千層甜麵包類29

藍莓麵包 （6塊）

■材料

甜麵糰483g（配方見P13）　　市售藍莓餡210g
丹麥裹奶油麵糰一塊200g（擀成寬11cm×長38cm×厚度4mm，配方、做法見P52）　　蛋液少許

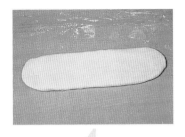

甜麵包麵糰請參照基本麵糰製作1～11（p6），取483g基本發酵30分鐘後的甜麵糰一塊，壓平置入冷凍庫30分鐘後，取出擀開成長方形，長約40cm，寬約8～9cm。

在擀平的麵糰上抹上約210g的藍莓餡。

用切網器將丹麥裹奶油麵糰切成網狀。

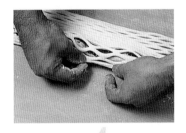

切割完成的網狀麵糰稍微拉開，鋪在塗好藍莓餡的麵糰上，邊緣的丹麥裹奶油麵糰往內摺，末端以主麵糰壓住。

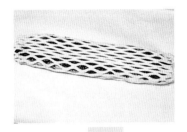

成型完成，做最後發酵，約60分鐘。

發酵完成後約為原來的2倍大，擦上蛋液，即可進入烤箱烤焙。

■烤箱溫度：上火180℃、下火200℃。
■烤焙時間：18～20分鐘。

■材料

甜麵糰965g（配方見P13）　沙拉醬適量　生菜適量　蛋液少許

●蛋皮：

全蛋720g、鹽、味精、蔥末、紅蘿蔔絲少許

＊所有材料用打蛋器攪拌均勻。烤盤置入烤箱，以上火220℃、下火220℃預熱15分鐘後，取出在盤上平均抹上沙拉油。將所有材料倒入烤盤，再放入烤箱至烤熟後取出冷卻備用。

甜麵糰請參照基本麵糰1～15製作（p6），將麵糰壓平後置入冰箱30分鐘，取出後擀平與烤盤同等大小。

用擀麵棍將其捲起。

放入烤盤中，用擀麵棍將烤盤內的麵糰再稍微擀一下，使其與烤盤相等大小。

拿叉子在麵糰上插洞，進行最後發酵，約60分鐘。

發酵完成後在表面刷上蛋液即可入烤箱了。

■烤箱溫度：上火170℃、
　　　　　　下火200℃。
■烤焙時間：20分鐘。

將烤好的麵糰對切一半，蛋皮也對切一半。桌面上先放上白報紙，再放上蛋皮；蛋皮上塗上沙拉醬後把麵糰放在上面。

麵糰塗上沙拉醬後再放上生菜。（也可再放上適量肉鬆）

用白報紙慢慢將麵包捲起並包起來，完成後靜待形狀固定約10分鐘。

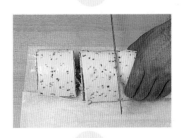

取走白報紙後依所需大小切塊即成。

洛克皮製作 (約可切54片)

■材料

高筋麵粉400g　低筋麵粉100g　細砂糖50g　鹽10g　奶粉15g　奶油50g　乾酵母5g　全蛋50g　水270g
Total　950g
裹入奶油：450g

洛克皮麵糰攪拌參考基本麵糰製作1～15（p6），完成後壓平，送入冷凍庫、鬆弛約30分鐘。

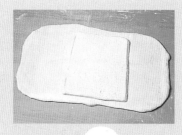

麵糰取出後擀成長方形，放入450g的裹入奶油。（奶油先擀成長方形薄片）

以兩端麵糰將奶油包起來，兩端麵糰的接縫要在中間，若麵糰不夠大再稍微整理，務必使其完全包住奶油。

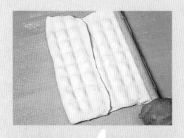

用擀麵棍平均輕壓裹油麵糰，直向、橫向、平均輕壓。目的要讓擀的動作較順手，油脂也會均勻分佈在麵糰中。

再將麵糰擀成長方形。

對摺1/3，另一端再對摺1/3，完成3摺1次。

將3摺一次的麵糰再擀開成長方形。

對摺1/3，另一端再對摺1/3，完成3摺二次。

包上塑膠袋後，冷凍庫鬆弛30分鐘。

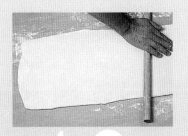

鬆弛完成後取出，再將麵糰均勻擀開成長方形。

對摺1/3，另一端再對摺1/3，完成3摺三次，再鬆弛15分鐘（可放塑膠袋中，置入冷凍鬆弛）。

取出將3摺三次的裹油麵糰擀開成寬約12cm×長63cm×厚度約3～3.5mm的麵皮。

在擀好的麵皮上撒些高筋麵粉，對摺一次，再重複對摺二次。

將疊好的麵皮切成每片7cm×7cm正方形。

■沒有使用完的洛克皮可以冷凍起來，留待下次使用，放在冷凍庫中可保存一星期之久。

Rocky Red Bean Bun

洛克紅豆麵包 （19個）

■材料

甜麵糰965g（配方見P13）　洛克皮19張（配方、做法見P34）
市售紅豆餡475g　　　　　黑芝麻適量　　　　蛋黃液少許

讓洛克皮在室溫中稍微軟化。

甜麵糰請參照基本麵糰製作1～16（p6），將甜麵糰分割成每個約50g大小，滾圓後蓋上濕毛巾，鬆弛約10分鐘，將麵糰壓平以便擠出氣體，再壓在洛克皮上。

每個麵糰包入約25g的紅豆餡。

將周邊的洛克皮及麵糰，收口包緊成圓球型。

成型完成後放入烤模紙中，並排放在烤盤上。

全部刷上一層蛋黃液，稍乾再刷上第二層蛋黃液。

放上少許黑芝麻點綴，進行最後發酵約60分鐘。

發酵完成後約為原來的2倍，即可放入烤箱烤焙。

■烤箱溫度：上火160℃、
　　　　　　下火180℃。
■烤焙時間：18分鐘。

Rocky Beef Bun

洛克牛肉麵包 （19個）

■材料

甜麵包麵糰965g（配方見P13）　洛克皮19張（配方、做法見P34）　市售牛肉乾屑475g　沙拉醬適量
蔥末適量　　　　　　　　　　　蛋黃液少許

讓洛克皮在室溫中稍微軟化。

麵糰請參照基本麵糰製作1
～16（p6），將甜麵糰分割
成每個約50g大小，滾圓後蓋
上濕毛巾，鬆弛約10分鐘，
將麵糰壓平以便擠出氣體，
再壓在洛克皮上。

每個麵糰包入約25g的牛肉
乾屑。

將周邊的洛克皮及麵糰，收
口包緊成圓球型。

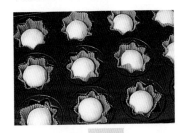

成型完成後置入已放上烤模
紙的星星烤盤，並在麵糰表
面刷上蛋黃液。

稍乾再刷第二遍蛋黃液，
做最後發酵，約60分鐘。

發酵完成後，麵糰會脹出烤
模。此時再用剪刀剪一缺口。

在開口處擠上些許沙拉醬就
可進入烤箱烤焙了。出爐後
可在表面撒上少許蔥末。

■烤箱溫度：上火160℃、
　　　　　　下火200℃。
■烤焙時間：18分鐘。

 **小祕訣：**

只要依照陳師傅的配方及製程，一定可以做出可口好吃的麵包！

【可鬆類麵包篇】

為何做不出可口的麵包？

別灰心！參照下列所述並找出原因，一定可以做出可口的麵包！

1.外型體積不足：鹽太多、酵母太少、發酵不足、爐溫過高。

2.外型體積過大：鹽太少、酵母太多、秤重過重、發酵過度。

3.外皮色澤太深：糖或牛奶太多、發酵不足、爐溫太高、烘焙時間過長。

4.外皮色澤太淺：糖或牛奶太少、發酵過度、爐溫太低、烘焙時間太短。

5.質地不良易碎：麵粉筋性太低、鹽量不夠、發酵時間過長或太短、烘焙溫度太低。

6.味道平淡、風味不夠：鹽量太少、使用劣等、腐敗的材料、發酵不足或過度。

可鬆麵糰製作

■材料

1.可鬆麵糰

高筋麵粉800g　低筋麵粉200g　細砂糖70g　鹽15g　奶粉30g　乾酵母20g　水570g　**Total：1,705g**

2.可鬆內裹奶油500g

可鬆麵糰請參照基本麵糰製作1～15（p6），基本發酵50分鐘，壓平置入冷凍庫冷凍30分鐘。

1

將冷凍麵糰擀成長方形。

2

奶油也擀成長方形，可包一層紙較好擀。

3

將奶油置於麵糰中央。

麵糰由兩側向中央平均摺成3摺。

將奶油包起來。

將麵糰由中央向左右前後平均擀開。

擀開的麵糰分3摺摺疊起來。

3摺完成後，重覆擀開再折疊一次。

將3摺兩次的裹奶油麵糰用塑膠袋包起來，置入0℃～5℃的冷凍庫鬆弛30分鐘。

取出3摺兩次冷凍裹奶油麵糰，擀開，再3摺一次，完成3摺三次。

將3摺三次完成的裹奶油麵糰用塑膠袋包起來，置入冷凍庫鬆弛備用。

Crescent Croissant

牛角可鬆 （22個）

■材料

可鬆麵糰1,705g、可鬆內裹奶油500g（配方、做法見P42） 蛋液少許

將可鬆裹奶油麵糰擀平，依份量約可擀成約46cm×84cm大小，厚度是0.4cm。再摺成4摺。

將邊修好，切除多餘的麵糰，每隔16cm做個記號。

將麵糰分割成長23cm×寬16cm的三角形。

麵糰由寬角往尖端捲起。

捲麵糰收尾時末端稍微拉一下，這樣可鬆烤起來才會紮實好看。

將牛角可鬆兩側往中間拉。

牛角尾記得要連在一起並捏緊。

牛角可鬆成型後做最後發酵，約60分鐘。

發酵完成的可鬆麵包，約為原來的2～2.5倍，表面塗上蛋液即可進烤箱。

■烤箱溫度：上火180℃、下火200℃。
■烤焙時間：18～20分鐘。

可鬆麵包類45

Italian Ground Meat Pie
義大利肉醬派 （18個）

■材料

可鬆麵糰1,705g、可鬆內裹奶油 500g（配方、做法見P42）
市售義大利肉醬、市售比薩起司、小番茄、蔥末均適量

將可鬆裹奶油麵糰擀開，切
成長15cm×寬7cm的大小。

做最後發酵約60分鐘。

完成發酵後約為原來的兩倍
大即可進烤箱。

■烤箱溫度：上火180℃、
　　　　　　下火200℃。
■烤焙時間：18分鐘。

取出後塗上肉醬。

蓋上另一片派皮。

表面放上番茄、比薩起司做
修飾後再送進烤爐烘烤即成。

■烤箱溫度：上火200℃。　　■烤焙時間：10分鐘。

Mini Croissant
迷你小牛角 （30個）

■材料

可鬆麵糰568g、可鬆內裹奶油165g（配方、做法見P42）　蛋液少許

可鬆裹奶油麵糰，切成長12cmx寬5cm的三角型。

1

將切好的三角型可鬆麵糰放在手掌上。

2

由寬角往尖角捲起。

3

最後發酵，約60分鐘。

4

發酵完成比較。

5

塗上蛋液後就可以進烤爐烤焙了。

6

■烤箱溫度：上火180℃、下火200℃。
■烤焙時間：15分鐘。

Pumpkin Pie

南瓜派 （13個）

■材料

可鬆麵糰568g、可鬆內裹奶油165g（配方、做法見P42）
市售南瓜餡適量　鐵圈圓模：直徑9cm×高4cm

可鬆裹奶油麵糰擀開，切成12cm的正方形，分別擠上南瓜餡，每份南瓜餡料約25g～30g。

以上下對摺的方式包住內餡。

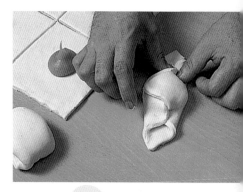

包餡的邊緣稍微往內收，如此可使餡料及外皮更加密合。

另兩邊的麵皮也收緊再摺起。

收口處記得稍加壓緊。

將做好的南瓜派置入烤模中等待發酵

放置發酵約60分鐘後的樣子。

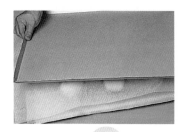

入烤爐前以鐵盤蓋住一起入烤爐，可以確保南瓜派的形狀完美（鐵盤壓住前記得先蓋上烤盤紙防止南瓜派黏在鐵盤上）。

■烤箱溫度：上火180℃、
　　　　　　下火200℃。
■烤焙時間：25～30分鐘。

BREAD
丹麥麵糰製作

■材料

1.丹麥麵糰

高筋麵粉300g

低筋麵粉200g　　細砂糖60g

奶粉15g　　　　　奶油50g

全蛋75g　　　　　乾酵母7.5g

鹽7.5g　　　　　　水200g

Total：915g

2.丹麥內裹奶油　250g

■做法

A 丹麥麵糰請參照基本麵糰製作1～15（p6），但乾酵母需先與100g的水一起溶解後，再加入材料中一起製作。

B 基本發酵與裹奶油過程參照可鬆麵糰製作（p42）。

＊丹麥麵糰與可鬆麵糰的製作過程是幾乎相同的，只是在配方及步驟上有些許差異。

Danish Pastry with Taro
丹麥芋泥麵包 （20個）

■材料

丹麥麵糰915g、
丹麥內裹奶油250g
（配方、做法見P52）

●芋泥餡750g：
芋頭500g、奶油50g、砂糖200g
＊芋頭去皮切片入蒸籠直到蒸
熟，取出後先拌入奶油再拌入
砂糖即可。

杏仁片適量
蛋液少許

將丹麥裹奶油麵糰擀開，依
份量約可擀成45×40cm大小，
厚度0.4cm，接著分成三等
份，每張麵皮邊緣擠上芋泥
餡。

用麵皮把芋泥包起來。

沿著摺線再擠一次芋泥。

麵皮對摺，把芋泥包起來，
記得接縫處要在麵包底部中
央。

將完成的芋泥麵包糰切成8cm
的長方形。

麵包表面中央用刀子劃兩刀
後，置於烤盤靜待最後發酵，
約60分鐘。

發酵完成約為原來的2倍。

表面刷上蛋液、撒上杏仁片
即可進烤箱。

■烤箱溫度：上火170℃、下火200℃。　　■烤焙時間：18分鐘。　　**丹麥麵包類53**

Danish Pastry with Tuna
丹麥鮪魚麵包 （16個）

■材料

丹麥麵糰915g、丹麥內裹奶油250g（配方、做法見P52） 沙拉醬適量 蛋液少許

●鮪魚餡：

鮪魚罐頭2罐、洋蔥160g切丁、醬油15g、黑胡椒4g、沙拉醬150g

＊鮪魚倒出先拌碎，再拌入黑胡椒及洋蔥，加入醬油、沙拉醬一起拌勻即成。

將丹麥裹奶油麵糰擀開，依份量約可擀成48×36cm大小，厚度0.4cm，接著分成4等份，每張麵皮中央擠上鮪魚餡。

用麵皮把鮪魚餡包起來，邊緣約留2cm的寬度。

再把麵皮整個往後翻，記得接縫處要在麵包底部中央。

將完成的鮪魚麵皮切成9cm的長方形。

每個麵糰中央用刀子劃一刀。

置於烤盤靜待最後發酵，約60分鐘。

發酵完成約為原來的2倍。

刷上蛋液，切口處擠上沙拉醬即可進烤箱。

■烤箱溫度：上火170℃、
　　　　　　下火200℃。
■烤焙時間：18分鐘。

Danish Toast

丹麥吐司 （約可做5條）

■材料

丹麥麵糰915g、丹麥內裹奶油250g（配方、做法見P52）　杏仁片適量　蛋液少許
烤模：長17cm×寬8.5cm×高5cm

將丹麥裹奶油麵糰擀成15×40cm大小，厚度1.5cm，對摺後每隔約2cm切一刀。

雙手按住切好的麵糰以相反方向搓成螺旋狀。

在10cm處轉摺交叉。

抓住麵條開始由左至右順勢捲起。

成形後記得將尾端兩頭稍微壓緊。

放入烤模（長17cm×寬8.5cm×高5cm）等待最後發酵。

發酵完成，幾乎可以填滿整個烤模。

表面刷上蛋液、撒上杏仁片後即可進烤箱。

■烤箱溫度：上火170℃、
　　　　　　下火200℃。
■烤焙時間：30分鐘。

Danish Pastry with Icing Fruit

霜飾水果 （20個）

■材料

丹麥麵糰915g、丹麥內裹奶油250g（配方、做法見P52）　水果適量　蛋液少許

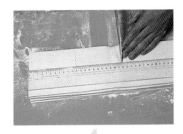

將丹麥裹奶油麵糰擀成44cm
×55cm大小，厚度0.4cm，
疊成4摺。

切成11cm的正方形。

將麵糰對摺，邊緣留約1cm
的距離。

取部份麵糰切成長條，再切
丁狀待用。

將留有1cm距離的那一面朝
下放入烤模紙，正面刷上蛋
液。

撒上丁狀麵糰。

置於烤盤靜待發酵。

發酵完成的高度約為原來2
倍，此時即可送進烤箱。
完成後將麵包剖半勿切
斷，放入水果裝飾即成。

■烤箱溫度：上火170℃、
　　　　　　下火200℃。
■烤焙時間：18分鐘。

Danish Pastry with Spicy Curry

辣味咖哩 （20個）

■材料

丹麥麵糰915g、丹麥內裹奶油250g（配方、做法見P52） 蛋液少許

●咖哩餡870g：

絞肉250g、洋蔥250g、辣油30g、沙拉油15g、鹽5g、味精5g、咖哩粉15g、高筋麵粉50g、水250g

＊洋蔥、辣油、鹽、味精一起爆香，加入絞肉炒熟；再加入咖哩粉、高筋麵粉拌炒均勻。加入水並不停攪拌，直至水滾熟收乾為止。

將丹麥裹奶油麵糰擀成44cm×55cm大小，厚度0.4cm，疊成4摺後切成11cm的正方形，在正方形中放上咖哩餡。

對摺成三角形，在麵糰周圍稍做輕壓動作。

咖哩麵包糰置入烤盤後刷上蛋液，在麵包糰中央以剪刀剪開一個小開口。

撒上麵糰丁，置於烤盤靜待最後發酵，約60分鐘。

發酵完成後會稍微變大，再刷一次蛋液就可以進烤箱烤焙了。

■烤箱溫度：上火170℃、下火200℃。　■烤焙時間：18分鐘。

Danish Pastry with Fruit

丹麥水果 （22個）

■材料

丹麥麵糰915g、丹麥內裹奶油250g（配方、做法見P52）　克林姆餡適量（配方、做法見P11）　蛋液少許

將丹麥裹奶油麵糰擀開，約30cm×30cm大小，厚度0.8cm。

1

以擀麵棍當捲軸，輕輕將麵皮捲起，不用捲得太緊。

2

成型後即可將擀麵棍抽出。

3

成型的麵糰每隔約1.5cm切一刀。

4

將切好的麵糰拿起，收尾的部份拉住往下壓好。

5

置入烤盤等待最後發酵，約60分鐘。

6

發酵完成，約為原來的2倍。

7

刷上蛋液、擠上克林姆餡、裝飾水果，全部完成後就可以進入烤箱。

8

■烤箱溫度：上火170℃、
　　　　　　下火200℃。
■烤焙時間：18分鐘。

方法一：室溫

麵包一定要冷卻後才能夠存放，否則會發霉哦！首先用乾淨的布、密封袋或保鮮膜包起來，在室溫下儲藏。約可維持3～4天的新鮮。

欲加熱前，請先在麵包上噴一點水，包在鋁箔紙裡放進烤箱加熱，用180℃加熱約10分鐘。不建議你用微波爐來加熱，因為微波會使麵包變乾變硬。

【白燒麵包篇】

吃不完的麵包怎麼辦？

方法二：冷凍

烤好的麵包完全冷卻後，先用鋁箔紙包住麵包，再放入塑膠袋中，封口之前要將袋內所有空氣去除。存放在冷凍庫中最多可保存3個月。

欲加熱前，請先把麵包放在室溫下3～6小時慢慢解凍，或者移入冷藏室8～10小時。但記得要包裹著解凍，麵包才不會乾掉。完全解凍後，再用180℃加熱約10分鐘。不建議你用微波爐來加熱，因為微波會使麵包變乾變硬。

白燒麵糰製作

■材料

高筋麵粉500g

細砂糖40g

鹽10g

改良劑5g

乾酵母6.5g

全蛋85g

鮮奶90g

白油35g

水150g

Total：921.5g

白燒里肌（10個）

BREAD BREAD BREAD BREAD BREAD BREAD BREAD BREAD BREAD BREAD BREAD BREAD BREAD BRE

■材料

白燒麵糰900g（配方見P66）
生菜、里肌肉、起士、番茄均適量
玉米粉適量

●千島醬410g：

芥末粉5g、熱水15g、沙拉醬300g、
番茄醬90g。

＊將芥茉粉、熱水用打蛋器拌勻，
加入沙拉醬及番茄醬攪拌均勻即
可。

橢圓形烤模：長21cm×寬9cm×
高3cm

麵糰請參照基本麵糰製作1～
11（p6），基本發酵30分鐘
後，分割成每個約90g的小麵
糰，滾圓後蓋上濕毛巾，鬆
弛15分鐘。

將發酵後的麵糰揉成橄欖形。

撒些玉米粉在麵糰上，用手
稍微壓扁。

再以麵棍擀成長橢圓形。

烤模噴油防黏，把擀好的麵
糰放入烤模，做最後發酵約
60分鐘。

發酵完後約為模型的9分滿。

進烤箱前上面蓋一片鐵盤以
確保烤好後的形狀美觀。

■烤箱溫度：上火120℃、
　　　　　　下火170℃。
■烤焙時間：25分鐘。

■修飾：白燒麵包烤好，從
旁邊中央剖開，勿切斷。裡
面抹上千島醬、放上生菜、
里肌肉、起士、番茄即完成。
上面條紋可用煎板加熱壓出。

White Bread
白燒調理麵包 （16個）

■材料

白燒麵糰880g（配方見P66）　玉米粉適量　鐵圈圓模：直徑10cm×高3cm

麵糰請參照基本麵糰製作1～11（p6），基本發酵30分鐘後，分割成每個55g的小麵糰，滾圓後蓋上濕毛巾鬆弛15分鐘。

撒些玉米粉在麵糰上。

用手掌稍把麵糰壓扁，一個一個壓成所需大小，也可以使用擀麵棍。

烤模在使用前記得噴油防黏。

將成型的麵糰放入烤模中，做最後發酵60分鐘。

發酵後約為模具的9分滿。

蓋上鐵盤確保成型美觀，完成後即可放入烤箱。

■烤箱溫度：上火120℃、
　　　　　　下火170℃。
■烤焙時間：22分鐘。

■修飾：與白燒里肌類似，也可以放入鮪魚餡或火腿、培根等。

White Bread with Orange Jam

白燒桔子麵包 （16個）

■材料

白燒麵包（見P69白燒調理麵包做法1～7）　市售桔子醬、椰子粉均適量。

用麵包鋸刀將白燒麵包從側邊中央剖開，邊緣不要切斷，在切開的麵包上抹上桔子醬，再將兩片合起。

麵包旁邊也抹上桔子醬，沾上椰子粉。

正面也要塗上桔子醬，注意桔子醬要塗抹均勻。

最後整面沾上椰子粉就完成了。

■材料

白燒麵包16個（見P69白燒調理麵包做法1～7） 市售牛肉乾屑、沙拉醬均適量

將圓型白燒麵包的邊緣切掉一塊。

麵包邊緣及正面均勻地抹上沙拉醬。

接著沾牛肉乾屑，先沾旁邊，再沾正面。

剩下的另外一面也抹上沙拉醬，沾上牛肉乾屑就完成了。

【多拿滋麵包篇】

如何炸出好吃的多拿滋？

1. 使用品質好、無味的油質。
2. 在正確油溫中（約180℃）油炸。油溫太低會延長油炸時間，並導致甜甜圈吸油過多。應隨時準備油溫溫度計檢測。
3. 當油量過少時，在添加新油後，應先將油溫提昇至180℃再進行油炸。
4. 油炸時，一次勿放太多個多拿滋於油鍋中，因數量過多會導致油溫驟降，及不易翻面。
5. 油炸完後，撈出鍋中的殘餘顆粒，保持油的清澈。
6. 保持油的新鮮度。過老的油，油炸機能會降低，且致油炸品色澤過深及失去美味。

多拿滋麵糰製作

■材料

高筋麵粉450g	低筋麵粉50g	細砂糖65g	鹽8g	白油60g
全蛋50g	泡打粉5g	酵母13g	奶粉15g	水140g

Total：856g

麵糰請參照基本麵糰製作1～11（p6），基本發酵60分鐘，將麵糰分割成每個約50g的小麵糰，滾圓後蓋上濕毛巾再鬆弛15分鐘。

將麵糰壓平，以便擠出氣體。

由外往內（身體方向）緊密捲起。

用手掌將麵糰搓成長條形，拉住麵糰兩端，將麵糰圈起來。

兩端約留1cm左右重疊壓緊，再由外往內壓住接口。將上方麵糰往底部收入，並稍微壓一下，確定收口密合。

成型後做最後發酵約60分鐘。

Doughnut
多拿滋甜甜圈 （17個）

■材料

多拿滋麵糰856g　油炸油1鍋　細砂糖1盤
融化巧克力、杏仁片均適量

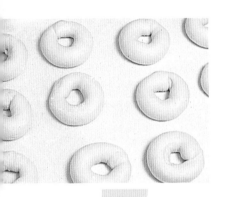

發酵完約原來的2～2.5倍。

先熱油至180℃，將甜甜圈放入油炸，油炸第一面時，見上色約20％馬上翻面油炸第二面。

待完全著色後再翻面，接著油炸第一面至完全著色即成，油炸過程約3～3.5分鐘。

完成後沾上細砂糖即可。

炸好的甜甜圈，也可沾融化的巧克力，或撒上杏仁片，則成另一種口味。

甜甜圈沾上巧克力後，擠上融化的白巧克力，又是另一種變化。

Twist Doughnut

麻花卷 <small>（17個）</small>

■材料

多拿滋麵糰856g（配方見P76） 油炸油1鍋 細砂糖1盤

麵糰請參照基本麵糰製作1～11（p6），基本發酵60分鐘，將麵糰分割成每個約50g的小麵糰，滾圓後蓋上濕毛巾再鬆弛15分鐘，將多拿滋麵糰壓成長方形。

麵糰由外往內（身體方向）捲，接合處要壓緊密。

再用手掌搓長，約兩個手掌寬度。

將麵糰對摺，用食指勾住麵條中央。

另一手則將兩麵糰往下搓成旋螺狀，放開食指即可將麵糰捲起，尾部掐緊完成。

成型後做最後發酵約60分鐘，發酵完成後約為原來的2～2.5倍。

熱油至180℃，將麻花捲放入油炸，油炸第一面，見上色約20%時就馬上翻面炸第二面。

至完全著色時再翻面，接著再油炸第一面至完全著色即可撈起瀝油，稍冷卻後再沾上細砂糖（也可用細砂糖與糖粉1:1混合）即可。

Curry Doughnut

咖哩多拿滋 （17個）

■材料

多拿滋麵糰856g（配方見P76）　油炸油1鍋　麵包粉1盤　咖哩餡500g（配方、做法見P61）

麵糰請參照基本麵糰製作1～11（p6），基本發酵60分鐘，將麵糰分割成每個約50g的小麵糰，滾圓後蓋上濕毛巾再鬆弛15分鐘，將拿滋麵糰壓扁。

將壓扁麵糰置於手掌上，包入25～30g咖哩餡。

兩手用拇指與食指，將麵糰兩邊往中央壓緊成橄欖形，接縫處要小心密合，以免油炸時裂開。

完成後個個表面都沾一點水，再沾上麵包粉。

完成後擺在烤盤上，最後發酵約60分鐘。

發酵完成後約原來2～2.5倍大。

先熱油至180℃，將多拿滋放入油炸，油炸第一面時，見上色約20％馬上翻面油炸第二面至完全著色後再翻面。

再油炸第一面至完全著色，既可撈起食用。

Taro Doughnut
芋泥多拿滋 （17個）

■材料

多拿滋麵糰856g（配方見P76）　油炸油1鍋　麵包粉1盤
芋泥餡500g（配方、做法見P53）

麵糰請參照基本麵糰製作1～11（p6），基本發酵60分鐘，將麵糰分割成每個約50g的小麵糰，滾圓後蓋上濕毛巾再鬆弛15分鐘，將拿滋麵糰壓扁。

將壓扁麵糰置於手掌上，包入25～30g芋泥餡。

將周邊麵糰往中間收口，將底部麵糰招緊成圓形麵糰。

接縫朝下，並將包好的麵糰稍微壓平。

糰表面全部沾水，再沾上麵包粉。

進行最後發酵60分鐘。

發酵完成後，麵糰約為原來的2倍大。

先熱油至180℃，將多拿滋放入油炸，油炸第一面時，見上色約20％馬上翻面油炸第二面，待完全著色後再翻面，接著油炸第一面至完全著色即可撈起食用。

【歐式麵包篇】

歐式麵包的文化背景

歐式麵包曾經被用來區分社會地位——長形高雅的『法國魔杖』，是時髦都市人的專利；樸實的『鄉村麵包』，則是鄉村生活的寫照。

歐式麵包是做開放式三明治的最佳素材，在烤好的麵包上，抹上喜愛的醬料，再加乳酪、黑橄欖、生菜和蛋，裹腹綽綽有餘。甚至將麵包撕小塊，丟到咖啡牛奶或鮮奶中吸收汁液，也別有一番滋味哦！

布里歐修麵糰製作 （歐洲牛奶麵包）

■材料

●中種麵糰配方

高筋麵粉350g　砂糖25g　乾酵母6.5g

改良劑2.5g　全蛋165g　水50g

Total：599g

●主麵糰配方

低筋麵粉150g　砂糖75g　鹽6.5g

白油75g　奶油100g　乾酵母7.5g

牛奶100g　甜麵包殘麵糰100g（P13）

Total：614g

■做法

1 主麵糰請參照基本麵糰製作1～8（p6）。

2 先將中種麵糰所有材料一起攪拌揉合至有彈性，發酵2小時。

3 將中種麵糰和主麵糰材料一起攪拌，重複揉麵糰動作直到麵糰組織擴展完成，表面光滑才可以。

4 麵糰完成後做基本發酵約20分鐘，接著才可以做分割及滾圓的動作，麵糰使用前記得要先鬆弛10分鐘。

Brioche
布里歐修麵包（14個）

■材料

布里歐修麵糰1,120g
（配方、做法見P86）
蛋液少許

將布里歐修麵糰分割成每個
約80g大小，滾圓後蓋上濕
毛巾，鬆弛約10分鐘，去掉
多餘空氣。

從80g麵糰中再分割出約10g
的小麵糰。

在事先準備好的烤模上噴油
防黏，將比較大的麵糰（70g）
滾圓，放入烤模。

比較小的麵糰（10g）則搓
成圓錐形。

以食指在大麵糰上挖一個洞。

將小麵糰放入凹洞中，麵糰
接合處要稍微壓緊。

全部完成後等待最後發酵，
約60分鐘。

發酵完成時，麵糰充滿了整
烤模。先塗上第一層蛋液，
稍微風乾後再塗上第二層蛋
液，塗好後即可入烤箱。

■烤箱溫度：上火180℃、下火200℃。　　■烤焙時間：20分鐘。

BREAD

Brioche Roll

布里歐修奶油卷（20個）

READ BREAD BREAD BREAD BREAD BREAD BREAD BREAD BREAD BREAD BREAD BREAD BREAD BR

■材料

布里歐修麵糰1,200g（配方、做法見P86）　　蛋液少許

1. 將布里歐修麵糰分割成每個約60g大小，滾圓後蓋上濕毛巾，鬆弛約10分鐘，去掉多餘空氣，搓成圓錐長條。

2. 用擀麵棍把麵糰擀平，收尾的部份稍微壓薄，成型時形狀會比較漂亮。

3. 在擀平的麵糰最寬的地方往內摺，開始捲麵糰的動作。

4. 拉住末端向身體方向捲。

5. 最尾端的部份要壓在下面。

6. 全部完成後等待最後發酵，約60分鐘。

7. 發酵完成時約為原來的2倍。

8. 先塗上第一層蛋液，稍微風乾後再塗上第二層蛋液，塗好後即可入烤箱。

■烤箱溫度：上火180℃、下火200℃。
■烤焙時間：15分鐘。

北歐葵花麵包 （10個）

■材料

布里歐修麵糰1,000g（配方、做法見P86）　葡萄乾300g　蛋液少許　葵花子適量
墨西哥修飾液300g（配方、做法見P19）

將布里歐修麵糰分割成每個約100g大小，滾圓後蓋上濕毛巾，鬆弛約10分鐘後壓扁以便去掉多餘空氣。

包入約30g的葡萄乾，將麵糰開口封好。

完成後放入烤模紙等待最後發酵，約50分鐘。

發酵完成時麵糰已充滿了整烤模。

塗上一層蛋液。

撒上葵花子。

擠上墨西哥修飾液，就可以送入烤箱了。

■烤箱溫度：上火180℃、下火200℃。　　■烤焙時間：22分鐘。

Cocoa Almond Brioche

可可亞酥果麵包 （7個）

■材料

布里歐修麵糰1,200g（配方、做法見P86）
可可亞酥果餡466g
烤模：直徑14cm×高7cm

●可可亞酥果餡配方：
低筋麵粉200g
可可粉16g
烤過的杏仁碎角20g
細砂糖80g
奶油60g
全蛋70g
水20g
Total：466g

■可可亞酥果餡做法

細砂糖及奶油放入攪拌盆內，攪拌並打發。

加入全蛋攪拌打發。

可可粉過篩倒入，杏仁碎角也一併倒入攪拌盆拌勻。

低筋麵粉倒在桌面上圍成一圈，再把攪拌完成的可可亞酥果餡倒入麵粉中。

開始揉麵粉及可可亞酥果餡，完成後撒上一些麵粉以防沾黏。

稍加整理後放在塑膠紙上備用即可。

■可可亞酥果麵包

取1,200g的布里歐修麵糰，鬆弛10分鐘後壓平。

將可可亞酥果餡放在麵糰上。

以對角線的方式將可可亞酥果餡包起來。

完全把可可亞酥果餡覆蓋。

以擀麵棍將包裹好的麵糰擀開。

小心不要太用力以免內餡被擠出來，完成厚度約為0.8㎝較佳。

將擀好的麵糰左右各在1/4的地方往內摺。

再對摺一次完成4層麵糰，這樣待會切開就會有花樣出現。

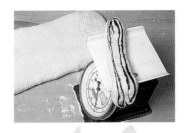

將擀好的麵糰以每份230g的份量切開（230g的份量在發酵後剛好是烤模大小的份量）。

如果怕份量不對可以利用磅秤。

兩手抓住切好麵糰的兩端稍微拉開。

15

16

17

麵糰兩端以相反的方向轉。

完成動作後再把麵糰兩端接合，兩端要往麵糰裡壓，這樣子接合起來會比較順，接合後稍加整理。

烤模在使用前先噴上一層油，在麵包烤好後才容易倒出。

18

19

20

將麵糰放入烤模，靜待最後發酵，約60分鐘。

發酵完成時麵糰已充滿整烤模，就可以送入烤箱烤焙。

21

22

■烤箱溫度：上火160℃、下火230℃。　　■烤焙時間：25分鐘。

約克麵包麵糰製作

READ BREAD BREAD BREAD BREAD BREAD BREAD BREAD BREAD BREAD BREAD BREAD BREAD BREAD BI

■材料

高筋麵粉500g

細砂糖60g

鹽10g

奶油60g

全蛋75g

奶粉15g

改良劑3g

乾酵母12g

水210g

Total：945g

York Bread with Jam
約克果泥麵包 （15個）

■材料

約克麵糰945g（配方見P96）
克林姆餡375g（配方、做法見P11）
市售草莓醬375g
蛋液少許
壓模：直徑13cm

約克麵糰請參照基本麵糰製作1～11（p6），麵糰攪拌完成後，基本發酵30分鐘，壓平放入冷凍庫約30分鐘取出，用擀麵棍將麵糰擀平成0.4～0.5cm厚度。

利用壓模將麵糰壓切成所需的圓形。

將壓切好的圓形麵糰放入烤模中，烤模使用前記得噴油防黏，做最後發酵約50分鐘。

發酵完成約為烤模8分滿。

刷上蛋液，擠上一點草莓醬，在草莓醬外緣再擠一圈克林姆餡。

克林姆餡外緣再擠一圈草莓醬，重覆步驟5、6一次。

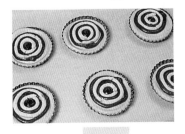

修飾完成後即可送入烤箱烤焙。

■烤箱溫度：上火170℃、下火200℃。　　■烤焙時間：16分鐘。

■材料

約克麵糰945g（配方見P96）　小番茄約6個

●蔬菜總匯餡：

洋蔥切絲75g、市售玉米粒1/2罐、火腿丁4片、鳳梨丁2片、蔥末少許、沙拉醬150g

＊所有材料混合拌均勻即可。

壓模：直徑13㎝

約克麵糰請參照基本麵糰製作1～11（p6），麵糰攪拌完成後，基本發酵30分鐘，壓平放入冷凍庫約30分鐘取出，用擀麵棍將麵糰擀平成0.4～0.5㎝ 厚度。

利用壓模將麵糰壓切成所需的圓形。

將壓切好的圓形麵糰放入烤模中，烤模使用前記得噴油防黏，做最後發酵約50分鐘。

發酵完成約為烤模8分滿。

用湯匙將蔬菜餡挖入發酵完成的麵糰上。

最後放上一片小番茄裝飾，放入烤箱烤焙。

■烤箱溫度：上火180℃、下火200℃。
■烤焙時間：18分鐘。

■材料

約克麵糰945g（配方見P96）　市售蜜紅豆300g　蛋液少許　白芝麻適量

約克麵糰請參照基本麵糰製作1～11（p6），麵糰攪拌完成後，基本發酵30分鐘，先用手壓平，並擠出多餘氣體。

用擀麵棍將麵糰前後左右擀開成長方形，在麵糰約2/3的面積上舖滿蜜紅豆。

將1/3未舖蜜紅豆的麵糰往內摺1/2。

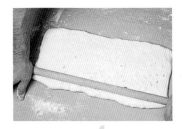

再摺一次，將蜜紅豆全部蓋住，用擀麵棍平均將麵糰擀勻成約42cm的長度。

再拿刀切開麵糰，每個寬約2.5～3cm，重約85g。

兩手由麵糰中央向相反方向扭轉，成型後稍微擠壓一下，讓它定型，做最後發酵，約50分鐘。

發酵完成後，約為原來的2～2.5倍大，擦上蛋液。

撒上白芝麻，即可進入烤箱烤焙。

■烤箱溫度：上火180℃、
　　　　　　下火200℃。
■烤焙時間：15分鐘。

法國麵包麵糰製作

■材料

高筋麵粉700g

低筋麵粉300g

麥芽精5g

改良劑10g

乾酵母8g

白油10g

鹽20g

水650g

Total：1,703g

■注意

1 基本發酵時間要足夠。

2 烤焙時烤箱最好有蒸氣設備，若沒有可在進烤爐前於爐內側及麵糰表皮噴些水稍做補救。

3 表面用刀割劃，應多練習。

French Baguette

法國魔杖 (5條)

法國麵包麵糰請參照基本麵糰製作1～11（p6），基本發酵60分鐘，分割成每個約340g的麵糰，並將其摺成長方形，蓋上濕毛巾，鬆弛30分鐘。

鬆弛完成後將麵糰壓成長方形，再將長方形麵糰對摺，接縫朝外。

再摺1/3，用手掌將麵糰往下打。

另一端麵糰朝外，同樣往內摺，再用手掌往下打。

仔細整理麵糰，讓麵糰兩端緊密接合，直到麵糰調整成長棍形。

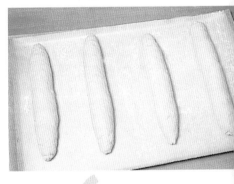

將麵糰搓長，兩端麵糰要稍尖。成型完成做最後發酵約60分鐘。

發酵完成後約為原來的2倍大，用斜小刀以約30°斜角，在麵糰上割3刀，為求美觀最好要平行割線，線間距約1～1.5cm。

■烤箱溫度：上火200℃、
　　　　　　下火220℃。
■烤焙時間：25分鐘。

French Bacon Cheese Bread

法國培根起司 （11個）

BREAD BREAD BREAD BREAD BREAD BREAD BREAD BREAD BREAD BREAD BREAD BREAD BREAD BREAD BR

■材料

法國麵包麵糰1,703g（配方見P102）
培根適量
市售高融點起司適量
黑胡椒少許

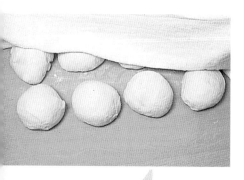

法國麵包麵糰請參照基本麵
糰製作1～11（p6），基本
發酵60分鐘，分割成每個約
150g的麵糰，滾圓後蓋上濕
毛巾，鬆弛30分鐘。

■高融點起司，指融點較高，
且烘烤時較不易融化。可至
烘焙材料行購買。

將底部朝上用手壓成長圓形。

培根對摺,放在麵糰上,
再放上長條形起司,撒上
黑胡椒。

將一邊麵糰往內摺1/3,蓋住
培根。

再將另一邊麵糰往內壓。

接縫朝上,並用手掌稍微壓
平。

麵糰再一次對摺。

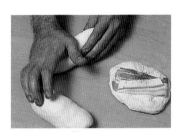

手掌朝對摺麵糰尾端拍打,
目的是使接口連接緊密。

成型後,排入烤盤進行最後
發酵,約60分鐘。

發酵完成後,約為原來的2
倍大。用斜小刀在麵糰表面
斜劃三刀,深度為隱隱可見
到培根即可。

■烤箱溫度:上火190℃、下火210℃。 ■烤焙時間:25分鐘。

德國麵包麵糰製作

■ 材料

高筋麵粉1,000g
細砂糖20g
鹽20g
奶粉20g
白油20g
乾酵母10g
改良劑10g
水620g
Total：1,720g

Garlic Bread

大蒜百里香 （11個）

■材料

德國麵包麵糰1,720g
奶油適量

●大蒜醬308g：
有鹽奶油250g、大蒜泥50g、
切碎巴西里8g。
＊待奶油軟化後將所有材料混
合均勻即可。

德國麵包麵糰請參照基本
麵糰製作1～11（p6），麵
糰攪拌完成後，基本發酵60
分鐘，再分割成每個150g的
小麵糰，滾圓後蓋上濕毛巾
鬆弛15分鐘。

將鬆弛完成的麵糰取出壓扁。

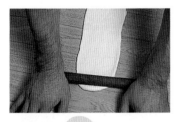

以擀麵棍由中間注下擀開，
擀開時力道要均勻。

麵糰放橫向，由外往身體方
向捲成條狀。

手掌在接縫處用力壓，務使
接口密合。

用手掌在桌子上，上下滾動
麵糰，將麵糰整型。成型完
成做最後發酵約60分鐘。

發酵完成後約為原來的2～
2.5倍大。

用斜小刀在麵糰中央劃一刀，
在開口處擠上奶油，最後在
麵糰表面噴水，即可進烤箱
烤焙。烤好出爐後再擠上大
蒜醬即完成。

■烤箱溫度：上火200℃、下火200℃。　■烤焙時間：20分鐘。

Cream Bread
奶露麵包 (24個)

■材料

德國麵包麵糰1,720g
（配方見P106）

●奶露餡1,150g
●泡芙802g：

奶油105g、高筋麵粉160g、全蛋
210g、蛋黃30g、鹽2g、水295g

＊奶油、水及鹽放入鍋中加熱至
沸騰熄火，馬上加入過篩的高筋
麵粉迅速拌勻，再加熱至麵糊會
燙手即離火，最後加入全蛋、蛋
黃拌勻至用木匙勾起會迅速落下；
且呈半透明狀三角形即可。

德國麵包麵糰請參照基本麵
糰製作1～11（p6），麵糰攪
拌完成後，基本發酵60分鐘，
分割成每個約70g的麵糰，
滾圓後蓋上濕毛巾鬆弛15分
鐘。

將鬆弛完成的麵糰取出壓
扁，再用擀麵棍，將麵糰前
後擀平。

麵糰橫向放捲成長條形，在接合處壓緊。 **3**

務必使接合處緊密結合，並在桌子上將麵糰搓揉均勻稍做整型。成型後，做最後發酵，約60分鐘。 **4**

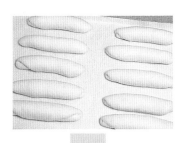

發酵完成後，約為原來的2～2.5倍大。 **5**

出爐稍冷卻後，用麵包鋸刀從側面切開，小心不要切斷，抹上奶露餡。 **6**

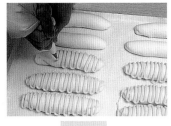

用擠花袋裝些泡芙，在麵糰上擠出花樣，完成後噴些水即可進烤箱烤焙。
■烤箱溫度：上火200℃、
　　　　　　下火200℃。
■烤焙時間：20分鐘。 **7**

再撒上糖粉即可。 **8**

BOX

奶露餡配方及做法

■材料

奶油150g、白油150g、
糖粉150g、糖漿100g、
奶粉300g、
動物鮮奶油300g

Total：1,150g

1 奶油與白油倒入攪拌盆內，用打蛋器攪拌打發後倒入糖粉拌勻。再倒入糖漿並拌勻。

2 接著倒入奶粉拌勻。動物鮮奶油分3次加入，分次攪拌打發完成。

■糖漿：可使用果糖或蜂蜜代替。

【花式麵包篇】

品嘗麵包的故事

一邊品嘗美味可口的麵包之餘，是否也很想知道它們從何處來呢？

義大利麵包：

當你在觀賞文藝復興時期的畫作時，不彷仔細瞧一瞧！你會發現餐桌上總會放幾籃剛烤好的麵包；至今，義大利人的餐桌上仍有此種景象。義大利北部的食物種類不勝枚舉，它的特色是精緻清淡；南部的材料則較粗糙紮實。

鄉村麵包：

在法國可以找到不同的形狀和大小，就看各地區麵包師傅的製作喜好，此類麵包的特色是在厚黑的外皮上撒麵粉。法國麵包師傅習慣在籃子裡二次發酵已經整型好的麵糰，使麵糰在烘烤前都不會變形。

藍莓鬆餅

Blueberry Scone

（22個）

■材料

低筋麵粉720g　泡打粉15g　小蘇打粉5g　奶油120g　細砂糖100g　市售藍莓餡400g　鮮奶200g　鹽4g
芋泥香精少許　Total：1,564g

＊重量：每個約70g

蛋黃適量

壓模：直徑7cm

低筋麵粉、泡打粉、小蘇打粉先過篩拌勻，再放入奶油一起拌勻。

將其餘材料一併放入，用手拌勻。

反覆揉麵糰動作直到麵糰完成，完成後鬆弛約10分鐘。

以擀麵棍將麵糰擀開，約12mm的厚度。

用壓模把麵糰壓成圓形。

成型完成後排入烤盤，刷上蛋黃，即可進入烤箱烤焙。

■烤箱溫度：上火160℃、下火180℃。
■烤焙時間：16分鐘。

Raisin Scone
葡萄乾鬆餅 （20個）

BREAD BREAD BREAD BREAD BREAD BREAD BREAD BREAD BREAD BREAD BREAD BREAD BREAD BREAD BH

■材料

●麵糰配方：

低筋麵粉600g	泡打粉15g
小蘇打粉5g	奶粉20g
細砂糖70g	鹽5g
奶油200g	全蛋150g
蛋黃100g	鮮奶90g
葡萄乾150g	

Total：1,405g

＊重量：每個約70g

蛋黃適量

低筋麵粉混合泡打粉、小蘇打粉、奶粉過篩後，稍微揉搓一下。

堆成城牆形，再放入細砂糖、鹽、奶油、全蛋及蛋黃，用手拌勻。

加入鮮奶，用手仔細拌勻。

最後加入葡萄乾，利用塑膠刮刀及手，仔細將所有材料拌勻。

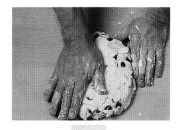

重複揉麵糰動作至完成，稍微鬆弛10分鐘。

用擀麵棍，將麵糰擀平成厚度約12mm左右。

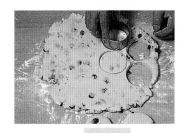

利用壓模將麵糰壓成圓形。

成型完成後排在烤盤上，刷上蛋黃後進入烤箱爐烤焙。

■烤箱溫度：上火160℃、下火180℃。　■烤焙時間：16分鐘。

Whole Wheat Bread with Raisin Bread

全麥葡萄

（12個）

■材料

高筋麵粉1000g　　麩皮100g
乾酵母12g　　　　細砂糖60g
鹽15g　　　　　　奶油60g
水650g　　　　　　改良劑5g

Total：1,902g

葡萄乾420g
奶油適量
蛋液少許

＊麩皮：全麥的外殼，屬高纖
低脂食物，在迪化街及材料行
均有售。

麵糰請參照基本麵糰製作1~
16（p6），將麵糰分割成每
個約150g大小，滾圓後蓋上
濕毛巾，鬆弛約20分鐘。

將麵糰取出壓平、中央部份
要比周圍麵糰稍厚些，每個
麵糰包入約35g的葡萄乾。

包好後將收口收緊，完成後
略成一圓球狀。

排在烤盤上做最後發酵。

發酵60分鐘後，約為原來的
2倍大。

表面先刷上一層蛋液，再重
複上一次蛋液，會使上色較
均勻。

用斜小刀於麵糰中央部份劃
一刀。

在開口處擠上少許奶油後，
即可進入烤箱烤焙。

■烤箱溫度：上火180℃、下火200℃。　　■烤焙時間：約18分鐘。

BREAD

Whole Wheat Toast

全麥吐司 （1條）

BREAD BREAD BREAD BREAD BREAD BREAD BREAD BREAD BREAD BREAD BREAD BREAD BREAD BM

■材料

高筋麵粉630g　麩皮63g　乾酵母8g　細砂糖38g　鹽10g　奶油38g　改良劑3g　水410g　Total：1,200g

麵糰請參照基本麵糰製作1～16（p6），將麵糰分割成每個約200g大小，滾圓後蓋上濕毛巾，鬆弛約15分鐘。

將麵糰擀開，擺成橫向，由外往內（身體方向）捲。

捲好後將收口密合。

稍微搓揉搓長。

將所有麵糰對摺，兩個兩個朝反方向並排。

把完成的麵糰置入吐司烤模，做最後發酵，約為60分鐘。

發酵完成後約為烤模的8～9分滿。

蓋上蓋子後即可入烤箱烤焙。

■烤箱溫度：上火210℃、
　　　　　　下火230℃。
■烤焙時間：35分鐘。

海苔卷麵糰製作

■材料

1.麵糰配方：

高筋麵粉500g

鹽8g

細砂糖80g

奶粉17g

全蛋60g

奶油60g

改良劑5g

乾酵母10g

水260g

Total：1,000g

2.裹入奶油250g

麵糰請參照基本麵糰製作1～11（p6），基本發酵30分鐘，壓平置入冷凍庫30分鐘。

取出麵糰，擀成長方形。

2

再置入250g的奶油（奶油先均勻擀成長方形）。

3

將奶油包起來，摺疊線要在中央。

4

以擀麵棍直向、橫向均勻輕壓裹油麵糰，目的是讓麵糰油脂更均勻分佈於麵糰中。

5

將裹奶油麵糰均勻擀開成長方形。

6

對摺1/3。

7

另一端也對摺1/3，完成3摺一次。

8

再將3摺一次的麵糰擀成長方形。

9

摺3分之一，另一端再摺1/3，完成3摺二次的動作。送入冷凍庫鬆弛約30分鐘。鬆弛完成後取出，將麵糰擀開成長方形，再3摺一次。完成3摺三次的動作後，置入冷凍鬆弛保存，待使用時再取出（可包塑膠袋防止乾燥龜裂）。

Nori Roll

海苔卷 （12個）

BREAD BREAD BREAD BREAD BREAD BREAD BREAD BREAD BREAD

■材料

海苔麵糰1,000g（配方、做法見P120）
海苔一大張
小黃瓜適量，切成條狀
沙拉醬、肉鬆、椰子粉均適量
蛋液少許

將鬆弛過的裹奶油麵糰擀開成與烤盤大小差不多的尺寸。**1**

利用擀麵棍將麵糰捲起。**2**

將麵糰小心地平鋪在烤盤上。**3**

再稍微擀一下烤盤內的麵糰，讓麵糰與烤盤大小相符。**4**

做最後發酵，約60分鐘。**5**

發酵完成後，厚度約為原來的2倍，接著刷上蛋液。**6**

在麵糰上用叉子插出小洞，防止烤焙時膨脹太過。**7**

最後撒上椰子粉，進入烤箱烤焙。

8

■烤箱溫度：上火160℃、
　　　　　　下火200℃。
■烤焙時間：18～20分鐘。

修飾過程

烤好麵包冷卻後，切成一半。放在白報紙上面，麵包均勻抹上沙拉醬。

9

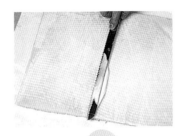

舖上海苔片。

10

放入切成細條的小黃瓜。

11

再放上適量的肉鬆。

12

用擀麵棍捲起白報紙，往麵包方向輕壓，再由內往外捲。

13

捲好後定型約10分鐘，將白報紙拉開。

14

平均切成3等份。

15

每塊麵包再斜切成2等份即成（重複步驟9～16，將另一半麵包做成6等份海苔卷）。

16

Italian Cheese Stick

義大利起司棒 （28支）

■材料

●麵糰配方：
高筋麵粉500g
鹽10g
橄欖油50g
乾酵母8g
起司粉25g
水265g
Total：858g

蛋液少許
起司粉適量

麵糰請參照基本麵糰製作1～11（p6），基本發酵40分鐘，分割成每個約30g大小，滾圓後蓋上濕毛巾，鬆弛15分鐘。

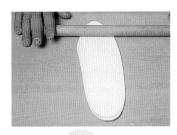

將鬆弛後的麵糰擀開成橢圓形。

擀平的麵糰在較長的一邊開始由外往身體方向捲。

將麵糰緊密壓緊結合。

將捲好的麵糰再搓長，直到長度約35cm左右。

每隔一小段用手壓一下再搓圓，小心不要壓斷，整條完成後約為40cm。

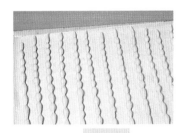

整齊排列於烤盤上，靜待最後發酵。

發酵約40分鐘，約為原1.5倍左右，刷上蛋液，撒上起司粉，即可入烤箱烤焙。

■烤箱溫度：上火170℃、下火180℃。■烤焙時間：25分鐘。

Country-Style Fruit Bread
鄉村水果麵包 （8個）

■材料

●中種麵糰

高筋麵粉200g　低筋麵粉100g

乾酵母8g　　　全麥麵粉100g

水400g

＊將所有材料攪拌均勻，發酵
30分鐘

Total：808g

●主麵糰

高筋麵粉400g　全麥麵粉200g

鹽20g　　　　　細砂糖20g

奶粉20g　　　　奶油50g

乾酵母5g　　　　改良劑5g

水200g　　　　　桔子皮200g

葡萄乾100g

Total：1,220g

■鄉村麵糰製作

1 中種麵糰請參照基本麵糰
製作1～8（P6）。

2 先將主麵糰所有材料一起
攪拌揉合至有彈性，發酵2
小時（桔子皮與葡萄乾在麵
糰快攪拌完成前加入拌勻即
可）。

3 將中種麵糰和主麵糰材料
一起攪拌，重複揉麵糰動作
直到麵糰組織擴展完成，表
面光滑才可以。

4 麵糰完成後做基本發酵約
20分鐘，接著才可以做分割
及滾圓的動作，麵糰使用前
記得要先鬆弛10分鐘。

麵糰請參照基本麵糰製作1～11（p6），基本發酵30分鐘，分割成每個約250g大小，滾圓後蓋上濕毛巾，鬆弛20分鐘。

將鬆弛後的麵糰用手壓成正方形。

對角摺疊。並在末端用手稍微壓一下。

再對摺一次，成為一個小三角形麵糰。

麵糰周圍用手掌輕拍以確實接口緊密接合，用手掌再將麵糰整型成漂亮的三角形。

取出方型藤籃，使用前用篩網在表面撒上一層薄薄的高筋麵粉，將兩個成型好的麵糰一起放入方形藤籃（長、寬17cm×高7cm），做最後發酵約60分鐘。

麵糰發酵完成後約整個藤籃9分滿。

將麵糰倒於烤盤上，此時即可進入烤箱烤焙。

■烤箱溫度：上火180°C、
　　　　　　下火200°C。
■烤焙時間：25～30分鐘。

Dutch Multi-Grain Bread
荷蘭雜糧 （約3個半）

■材料

●麵糰配方：
高筋麵粉700g
全麥麵粉100g
市售雜糧預拌粉200g
細砂糖50g
鹽10g
乾酵母15g
改良劑10g
葡萄乾150g
奶油50g
水580g
Total：1,865g

穀粒適量

＊雜糧預拌粉：是由全
麥、喬麥、葵花子、燕
麥、亞麻仁……等多種
穀物混合而成，營養成
分極高。

請參考基本麵糰製作1～16（p6）。葡萄乾於攪拌快完成前，加入一起拌勻。麵糰攪拌完成後，靜待基本發酵約30分鐘，將麵糰分割成每個500g的麵糰。

再將分割完成麵糰往兩邊內摺一下。

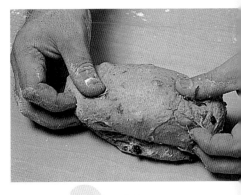

將麵糰對摺1/3、再對摺一次。

蓋上濕毛巾，鬆弛20分鐘。

鬆弛完成後將麵糰壓成長方形。

將長方形麵糰對摺。

再整型成長方形。

麵糰對摺1/3，用手掌輕壓，目的是使麵糰緊密接合。

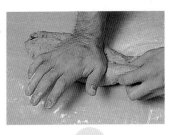

將麵糰調頭，並再將麵糰對摺1/3，用手掌壓緊。

接縫朝上，用手掌仔細壓緊。

10

麵糰再對摺一次。

11

麵糰尾端要用手掌用力拍打，使其緊密接合，利用桌面和手掌整理麵糰外觀，並使麵糰更緊密接合。

12

完成後接縫朝下，在表面噴些水。

13

沾上事先塗好的穀粒，進行基本發酵，約60分鐘。

14

發酵完成後，約為原來的2倍大。

15

用牙籤在麵糰上插幾個洞，可防止麵糰烤焙時過度膨脹而導致周圍龜裂，即可放入烤箱烤焙。

16

■烤箱溫度：上火180℃、下火210℃。
■烤焙時間：約30分鐘。

常用工具介紹

AD BREAD B... ...D BREAD ...BREAD BREAD BREAD BREAD BREAD BREAD BREAD BREAD BREAD BRE

1

3

5

6

7

攪拌工具

●攪拌盆：以不鏽鋼材質為佳，新買回來時，先以白醋洗過，使用起來才不會黑黑的。（圖3）

●打蛋器：用鐵線圈及長柄所組成，是少量製作時攪拌的必備品；也可使用電動式打蛋機，更省時及省力。（圖4）

●橡皮刮刀：選擇較有彈性的刮刀，可很容易的將黏稠性的材料從盆內刮下，且拌得均勻。（圖5）

●刮板：取較硬的麵糰，及刮除攪拌盆內的材料時會用到的工具。（圖6）

●木匙：攪拌較高溫的材料時可使用。（圖7）

計量工具

●秤：通常一般家庭，在製作中、西式餐飲時，可選擇2kg～3kg左右的秤即可，且最好貼有「衡器檢定合格證書」。（圖1）

●量杯：使用刻度清楚、透明的容器，容易看是最好的。（圖2）

2

4

8

10

模型

●烤模：以你所需要的來選擇，有各種尺寸及平盤式、長條型烤盤等樣式。（圖8、圖9）

●星星烤盤：可用來製作花樣特別的麵包。（圖10）

●鐵圈模組：（圖11）
大鐵圈圓模
（直徑10cmx高3cm）
小鐵圈圓模
（直徑9cmx高4cm）
橢圓形圓模
（長21cmx寬9cmx高3cm）

●方形籃藤：
長、寬17cmx高7cm（圖12）

●烤模紙：裝飾用，也可防止麵包直接黏於烤模上。（圖13）

9

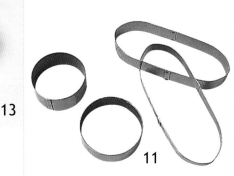

13

11

12

刀具

●麵包刀、小刀、鋸齒刀：用來切割麵包、蛋糕用，依所需而選擇使用。使用鋸刀較不會產生麵包屑。（圖14）

●剪刀：可在麵包表皮剪出開口花樣或剪擠花袋開口。（圖15）

●斜小刀：可利用一般刮鬍刀片製作，或一般刀片即可。用來割開法國魔杖、法國培根起司、大蒜百里香麵包的表面。（圖16）

●切網器：切割較細麵糰的工具。（圖17）

烘烤工具

●烤箱：烘焙麵包、西點的烤箱是要能夠調整上下火的才適合，如此才不容易使烘焙品烤焦。（圖18）

14

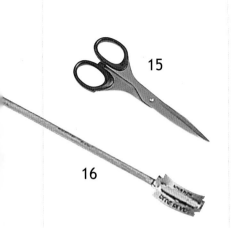

15

16

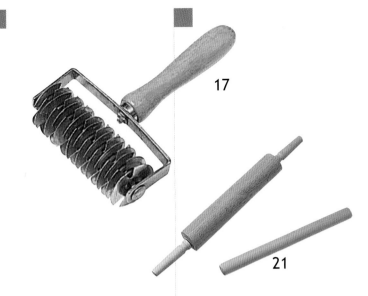

17

21

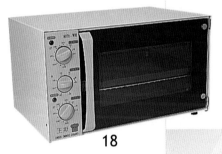

18

19

22

23

20

裝飾工具

●擠花袋：有紙製品、塑膠製品，用來盛裝麵糊或奶油來做產品的裝飾。（圖19）
●擠花嘴：有各種形狀、大小的花嘴，依所需來選購，與擠花袋一起使用。（圖19）
●刷子：刷上蛋液、糖漿時會用到，以不易脫毛者為佳。使用完後要徹底洗乾淨，並在通風處晾乾。（圖19）

其他工具

●過篩器：篩過的麵粉可使做出來的麵包、蛋糕更可口。裝飾成品時，小小篩網則能發揮最大功效。另外不要選購網目太粗的篩子。（圖20）
●擀麵棍：超市、五金行隨處可見的必備品，價廉物美，種類繁多。（圖21）

●濕毛巾：可促進麵糰快速發酵，且不易乾裂。夏天因濕氣較重，用乾布即可。（圖22）
●白報紙：製作日式調理麵包及海苔卷時會用到，較好捲且不沾手。（圖23）

常用材料介紹

1

6

9

3

5

8

2

4

7

10

11

粉類

●麵粉：依蛋白質含量不同，而分為高、中、低筋三種。高筋麵粉適合做麵包，而低筋麵粉最常使用於西點中。（圖1）

●玉米粉：為玉蜀黍澱粉，可配合麵粉一起使用。多用來製作布丁餡、派餡，煮後易凝固且質地細緻。（圖2）

●可可粉：做巧克力口味時添加的材料。多數用在派餡的膠凍原料中，或奶油布丁餡中。（圖3）

●椰子粉：為一種加工過的乾燥椰子絲，味道甜美。（圖4）

●小蘇打粉：有增色效果，多使用在巧克力或可可的產品上，加太多會有苦味。（圖5）

●改良劑：可促進麵糰的發酵，使麵包烘焙後達到鬆軟的效果。（圖6）

●香草精：有液體、粉狀，及新鮮的香草片等種類，可去除蛋的腥味，增加麵包、蛋糕的美味。如購買香草片，使用前先磨成粉狀。（圖7）

●乾酵母：是由新鮮酵母脫水而成顆粒狀的乾性酵母，使用酵母可幫助麵糰發酵。（圖8）

●泡打粉：是一種鹼性的膨脹劑，呈粉狀，多和粉類材料一起過篩使用，可促進烘焙產品膨脹起來。（圖9）

甜味類

●細砂糖：一般麵包、西點烘焙均常用，使用時可依個人喜好而增減。（圖10）

●糖粉：比細砂糖更易溶解於奶油中，一般用於糖霜或奶油霜飾，或含水較少的產品中。（圖11）

14

13

12

17

15

16

19

20

BOX

買不到材料怎麼辦？有替代材料哦！

1 改良劑：可加強麵糰的筋度，使麵包更鬆軟，若你不介意較硬的麵包，可不添加。也可將2片維他命C磨成粉，加入水内拌勻代替改良劑。

2 鮮奶：可用水代替，但是會降低了它的香味；同時最好事先將液體加溫至35°C左右，但也不可太高，否則酵母會燙死。

3 酵母：是製作好麵包最重要的材料，只要酵母是活的，沒有發不起的麵糰。酵母有乾酵母（粉狀）、新鮮酵母（塊狀）兩種。乾性酵母通常用鋁箔密封小包裝，較易保存；而新鮮酵母必須放在冷凍室冷藏。使用時用35°C～40°C水泡開即可。一般塊狀新鮮酵母，因含有水分，使用時其份量約為乾酵母的2倍重。

4 白油：也可用奶油代替，使用奶油較香，但白油製作的酥皮較酥鬆。

油脂類

●**奶油**：分鹽及無鹽兩種，最好使用無鹽奶油。動物性奶油烘焙後較香，但膽固醇較高；可使用植物性奶油或人造黃油。奶油從冰箱取出後，要放在室溫下自然軟化，不可加溫軟化。（圖12）

●**白油**：無色、無味的植物氫化油，大多用來製作酥皮或調整奶油的口感。（圖13）

●**沙拉油**：沙拉油、黃豆油、葵花油、橄欖油、花生油都是植物性油，不含膽固醇，含有少量飽和脂肪酸。（圖14）

乳製品

●**鮮奶**：市面販賣的鮮奶即可。（圖15）

●**鮮奶油**：由鮮奶濃縮，分動物性及植物性兩種，可做裝飾用。（圖16）

其他材料

●**蛋**：平時最好冷藏，可保持新鮮度。（圖17）

●**水果類**：可選購天然水果或水果罐頭。（圖18）

●**杏仁片**：有杏仁粒、杏仁片、杏仁角、杏仁粉等種類，可增加口味或美感。（圖19）

●**芝麻**：增加口味或美感，一般超市均買的到。（圖20）

18

全省烘焙材料行

商店名	地址	電話	主要販售品	烘焙教室
《基隆市》				
嘉美行	基隆市豐稔街130號B1	(02)2462-1963	烘焙原料、工具	
全愛烘焙食品行	基隆市信二路158號	(02)2428-9846	烘焙原料、工具	
証大食品原料行	基隆市七堵區明德一路247號	(02)2456-6318	器具、機具、原料	
楊春梅食品行	基隆市成功二路191號	(02)2429-2434	烘焙原料、工具	◎
《台北市》				
惠康國際食品有限公司	台北市天母北路87巷1號	(02)2872-1708	烘焙原料、工具	
大億食品材料行	台北市大南路434號	(02)2883-8158	烘焙原料、工具	◎
飛訊烘焙材料總匯	台北市承德路四段277巷83號	(02)2883-0000	烘焙原料、工具	
洪春梅西點器具店	台北市民生西路389號	(02)2553-3859	烘焙原料、工具	
同燦食品有限公司	台北市民樂街125號1樓	(02)2557-8104	烘焙原料、工具	
白鐵號	台北市民生東路二段116號	(02)2551-3731	烘焙原料、工具	◎
HANDS台隆手創館	台北市復興南路一段39號6樓	(02)8772-1116	烘焙原料、工具	
福利麵包	台北市中山北路三段23-5號	(02)2594-6923	烘焙原料	
	台北仁愛路四段26號	(02)2702-1175	烘焙原料	
向日葵烘焙材料	台北市敦化南路一段160巷16號	(02)8771-5775	烘焙原料、工具	◎
義興西點原料行	台北市富錦街578號	(02)2760-8115	烘焙原料、工具	
申崧食品有限公司	台北市延壽街402巷2弄13號	(02)2769-7251	西餐、西點原料	
得宏器具原料專賣店	台北市研究院路一段96號	(02)2783-4843	烘焙原料、工具	◎
岱里食品事業有限公司	台北市虎林街164巷5號1樓	(02)2725-5820	烘焙原料	
媽咪商店	台北市師大路117巷6號	(02)2369-9868	烘焙原料、工具	◎
頂願烘焙材料專賣店	台北市莊敬路340號	(02)8780-3469	烘焙原料、工具	
《台北縣》				
旺達食品有限公司	台北縣板橋市信義路165號1F	(02)2962-0114	烘焙原料、工具	◎
超群食品行	台北縣板橋市長江路3段112號	(02)2254-6556	烘焙原料、工具	
小陳西點烘焙原料行	台北縣汐止市中正路197號	(02)2647-8153	烘焙原料、工具	◎
艾佳食品原料專賣店	台北縣中和市宜安路118巷14號	(02)8660-8895	烘焙原料、工具	◎
佳佳食品行	台北縣新店市三民路88號1樓	(02)2918-6456	烘焙原料、工具	
崑龍食品有限公司	台北縣三重市永福街242號	(02)2287-6020	烘焙原料、工具	◎
典祐商行	台北縣三重市重新路四段244巷32號	(02)2977-2578	烘焙原料	
麗莎	北縣新莊市四維路152巷5號1樓	(02)8201-8458	烘焙原料、工具	
馥品屋食品有限公司	台北縣樹林市大安路175號1F	(02)2686-2258	烘焙原料、工具	◎
嘉美烘焙食品DIY	台北縣土城鎮峰廷街41號	(02)8260-2888	烘焙原料、工具	
勤居食品行	台北縣三峽鎮民生街29號	(02)267-48188	烘焙原料、工具	
《桃園、新竹》				
好萊塢食品原料行	桃園市民生路475號1樓	(03)333-1879	烘焙原料、工具	◎

各大百貨公司的超級市場或家電用品部門也多少有烘焙原料及工具、機具販賣喔！
出門採買前最好打電話確定一下烘焙材料行的營業時間，才不會白跑一趟哦！
◎表示有烘焙教室，有興趣學習者可以打電話詢問。

商 店 名	地 址	電 話	主要販售品	烘焙教室
做點心過生活原料行	桃園市復興路345號	(03)335-3963	烘焙原料、工具	◎
艾佳食品行	桃園縣中壢市黃興街111號1樓	(03)468-4557	烘焙原料、工具	◎
家佳福食品行	桃園縣平鎮市環南路66巷18弄25號	(03)492-4558	烘焙原料、工具	
永鑫食品原料行	新竹市中華路一段193號	(035)320-786	工具	◎
新勝食品原料行	新竹市中山路640巷102號	(035)388-628	烘焙原料、工具	
萬和行	新竹市東門街118號	(035)223-365	模具	
《台中、彰化、南投》				
中信食品原料行	台中市復興路三段109-4號	(04)2220-2917	烘焙原料、工具	◎
永誠行	台中市民生路147號	(04)2224-9876	烘焙原料、工具	
	台中市精誠路317號	(04)2382-7578	烘焙原料、工具	◎
玉記香料行	台中市向上北路170號	(04)2301-7576	烘焙原料、工具	◎
利生食品有限公司	台中市西屯路二段28-3號	(04)2312-4339	烘焙原料、工具	
	台中市河南路二段83號	(04)2314-5939	烘焙原料、工具	
豐榮食品原料行	台中縣豐原市三豐路317號	(04)2522-7535	烘焙原料、工具	◎
永誠行	彰化市三福街195號	(04)724-3927	烘焙原料、工具	◎
順興食品原料行	南投縣草屯鎮中正路586號-5	(049)233-3455	烘焙原料、工具	
《雲林、嘉義》				
彩豐食品原料行	雲林縣斗六市西平路137號	(05)534-2450	烘焙原料、工具	
新瑞益食品原料行	雲林縣斗南鎮七賢街128號	(05)596-4025	烘焙原料、工具	◎
福美珍食品原料行	嘉義市西榮街135號	(05)222-4824	烘焙原料、工具	
新瑞益食品原料行	嘉義市新民路11號	(05)286-9545	烘焙原料、工具	◎
《台南、高雄》				
瑞益食品有限公司	台南市民族路二段303號	(06)222-4417	烘焙原料、工具	
永昌食品原料行	台南市長榮路一段115號	(06)237-7115	烘焙原料、工具	
上品烘焙	台南市永華一街159號	(06)299-0728	烘焙原料、工具	◎
正大行	高雄市新興區五福二路156號	(07)261-9852	器具、機具	
十代有限公司	高雄市懷安街30號	(07)381-3275	烘焙原料	
旺來昌食品原料行	高雄市前鎮區公正路181號	(07)713-5345	烘焙原料、工具	◎
永瑞益食品行	高雄市鹽埕區瀨南街193號	(07)551-6891	烘焙原料、工具	
茂盛食品行	高雄縣岡山鎮前鋒路29-2號	(07)625-9316	烘焙原料、工具	
裕軒食品原料行	屏東縣潮州鎮太平路473號	(08)788-7835	烘焙原料、工具	◎
《東部、離島》				
欣新烘焙食品行	宜蘭市進士路85號	(039)363-114	烘焙原料、工具	
萬客來食品原料行	花蓮市和平路440號	(038)362-628	烘焙原料、工具	
大麥食品行	花蓮縣吉安鄉自強路369號	(038)578-866	烘焙原料、工具	
玉記香料行	台東市漢陽北路30號	(089)326-505	烘焙原料、工具	

與你分享我的烘焙天地

因為《好做又好吃的手工麵包》一書的出版，看著稿子，坐在書桌前沈澱一下心情，細數從事烘焙行業的20個年頭，不算短的時間裡，就在麵包的製作學習、研發、管理、生產中，漸漸的成長及領悟。

或許是兄長經營麵包店的原因，在半工半讀的狀況下進入這行業。你若問許多從事這行業的師傅們：「當初為何選擇烘焙業？」絕大多數都是這樣的答案：「有興趣、喜歡動手親自烹調、喜歡吃、以後想自己開烘焙店」。

而我呢？說實在的並非完全如此，在高工畢業後，又不想繼續上學的狀況下，就只有就業一條路可走，心想唯一的專長是三年的麵包製作經驗，所以毅然投入烘焙行業，就在這繁華的台北市，就業初期時，幾乎幾個月就換一個老闆，並非老闆不好；而是在何時當兵都不確定的因素下，想多看、多學的心態吧！於是就像不生苔的石子輾轉直到當兵。

說到當兵可樂了！我在外島高登當砲兵，雖然外島生活物資條件較缺乏，但每個節慶也是要過，而連上長官知道我的專長，於是唯才是用。舉凡中秋月餅、糯糬、中式點心，甚至早餐吃的甜甜圈都是我一手包辦；更利用現有的食材，一點也不浪費的做出可口的佳餚。在這兩年的當兵生涯中，我遊刃優遊於烘焙世界中，我想烘焙可能就是我的

■作者喜愛的作品之一，也將之印製於「優仕紳烘焙麵包館」的DM上。

■將麵包製作成香菇及花的造型，與乾燥花搭配，便成了一個美麗且永不枯萎的花園。

■獲得「第一屆薑餅屋創意比賽」
最佳創意獎。

宿命吧！

　　退伍後便進入「卡莎米亞」工作，這是我人生的一大轉折點，因與日本北海道「三星製パン珠式會社」技術合作，所以有機會到日本受訓，並參觀當地的烘焙業，才深深感覺到日本麵包西點的精緻及多樣化，與師傅們的用心及執著；至此便調整心態，以同樣的工作熱忱與專注，不斷的吸收學習、充實自我。所以無時不以感恩的心感謝提攜、教導的老師們，在此說聲「ありがとう」，有空來坐，必盡棉薄之意。

　　之後，陸續有機會出國研習多次，到法國、義大利、英國、比利時、荷蘭、德國、西班牙……等歐洲各國，使我獲益良多。在研習之旅中，我越來越體會到麵包也是一種美麗的藝術品，於是閒暇之餘便開始創造我的麵包藝術天地，在此提供我的數件作品與你一起分享！

　　民國85年決定自己創業，幸有愛妻相助，以及員工夥伴的盡心盡力，才有這麼一點屬於自己的烘焙天地——「優仕紳」。未來將秉持自己的理念與熱愛，為喜歡麵包的朋友們製作出更多美味可口的麵包。

　　如有任何製作上的疑問或意見，可傳真給我：（02）2375-7800

陳智達

■感謝愛妻，送給心愛的她，做為一生愛情的見證。

■利用麵包製作成各式各樣的乾果及植物造型。

與你分享我的烘焙天地**139**

做西點最簡單
賴淑萍 著

西點麵包
烘焙教室
最新修正版

陳鴻霖·吳美珠 著

烤箱點心百分百
梁淑鶯 著

心凍小品百分百
梁淑鶯 著

看書就會
做點心
第1次做西點就OK

林貞瑛 著

芋仔
蕃薯

梁淑鶯

不失敗
西點教室
安妮·著

涼涼的點心
99元

起
司
蛋
糕
[CHEESE]

麵包店點心
50自己做

許展銘 著

新手烘焙
最簡單

來塊餅。
趙柏淯

餅乾
巧克力

吃不胖甜點。
Low Fat Desserts

烘焙廚房

西點輕鬆做

國家圖書館出版品預行編目資料
好做又好吃的手工麵包：最受歡迎
麵包輕鬆做／陳智達 著.
— 初版. — 台北市：朱雀文化，
2000[民89]
面；公分. — (Cook50系列；10)
ISBN 957-0309-15-6 (平裝)
1.食譜 2.麵包
427.16   89007154

COOK50010

好做又好吃的手工麵包
——最受歡迎麵包輕鬆做

作者■陳智達　攝影■孫顯榮　美術編輯■王佳莉　文字編輯■葉菁燕　企畫統籌■李　橘
發行人■莫少閒　出版者■朱雀文化事業有限公司
地址■台北市基隆路二段13-1號3樓　電話■(02)2345-3868　傳真■(02)2345-3828
劃撥帳號■19234566 朱雀文化事業有限公司　e-mail■redbook@ms26.hinet.net
網址■http://redbook.com.tw　總經銷■展智文化事業股份有限公司
ISBN■957-0309-15-6　初版一刷■2000.06　二版二刷■2008.08
定價■320元　出版登記■北市業字第1403號

About買書：

●朱雀文化圖書在北中南各書店及誠品、金石堂、何嘉仁等連鎖書店均有販售，如欲購買本公司圖書，建議你直接詢問書店店員，如果書店已售完，請撥本公司經銷商北中南區服務專線洽詢。北區（02）2250-1031 中區（04）2312-5048 南區（07）349-7445

●●上博客來網路書店購書（http://www.books.com.tw），可在全省7-ELEVEN取貨付款。

●●●至郵局劃撥（戶名：朱雀文化事業有限公司，帳號：19234566），
掛號寄書不加郵資，4本以下無折扣，5～9本95折，10本以上9折優惠。

●●●●親自至朱雀文化買書可享9折優惠。